好心情咨询室

[日]桦泽紫苑 著
石运 译

中国科学技术出版社
·北京·

Original Japanese title: CHOTTO OTSUKARE NO ANATA GA YOMUDAKEDE FUWATTO
IYASARERU HON SEISHINKAI GA OSHIERU RAKUNA IKIKATA
Copyright © 2023 Shion Kabasawa
Original Japanese edition published by Mynavi Publishing Corporation.
Simplified Chinese translation rights arranged with Mynavi Publishing Corporation.
through The English Agency (Japan) Ltd. and Shanghai To-Asia Culture Co., Ltd.

北京市版权局著作权合同登记 图字：01-2024-1326

图书在版编目（CIP）数据

好心情咨询室 /（日）桦泽紫苑著；石运译．
北京：中国科学技术出版社，2025. 4. -- ISBN 978-7
-5236-0944-6

Ⅰ．B84-49

中国国家版本馆 CIP 数据核字第 20245SV611 号

策划编辑	李　卫	责任编辑	高雪静
封面设计	创研设	版式设计	蚂蚁设计
责任校对	张晓莉	责任印制	李晓霖

出　　版	中国科学技术出版社
发　　行	中国科学技术出版社有限公司
地　　址	北京市海淀区中关村南大街 16 号
邮　　编	100081
发行电话	010-62173865
传　　真	010-62173081
网　　址	http://www.cspbooks.com.cn

开　　本	880mm×1230mm　1/32
字　　数	90 千字
印　　张	5.75
版　　次	2025 年 4 月第 1 版
印　　次	2025 年 4 月第 1 次印刷
印　　刷	大厂回族自治县彩虹印刷有限公司
书　　号	ISBN 978-7-5236-0944-6 / B・202
定　　价	59.00 元

（凡购买本社图书，如有缺页、倒页、脱页者，本社销售中心负责调换）

目 录

第1章 在职场上享受工作　001

01 学会自我成长，让职场变得更轻松　003

02 别把他人的话当真，学会巧妙地躲开压力　007

03 不让压力过夜，每天的疲劳和放松都要保持"收支平衡"　010

04 学会依赖或尝试交付工作给他人，有助于建立信赖关系　014

05 完成输入→输出→反馈的循环　017

06 聚在一起或是毫无意义的闲聊也是一种休息方式　021

07 以辞职为前提来工作就能发现当下职场的优点　025

小　结　027

第2章 巧妙应对自己的情绪和压力　031

01 只要消除认知偏差就能拥有积极心态　033

02 用日记、博客记录心情和身体状况　037

03	压力并不一定有损健康，抗拒压力才是最大的	
	压力来源	041
04	如果想要别人倾听你的烦恼，就要先学会倾听	
	他人	045
05	放空自己，减少无谓的能量消耗	049
06	不开心的事只说一次就把它忘掉，用"一次法"	
	或充足睡眠、运动来消除压力	053
07	通过外出活动来消除导致精神状态不稳定的	
	因素	057
小 结		060

第3章　了解各种各样的交流方法　　063

01	尝试三种不同的应对方法，找到最合适自己的	
	那种	065
02	学会唤起对方想要尝试的意愿	069
03	学会肯定、认可当下的自己	073
04	写作是提高自我观察力的最快方法	077
05	人的长处就像原石，需要打磨才能显现	080
06	通过表情、语气或氛围来表达自己	083

07	具备输出力和自我洞察力	**086**
08	独处能让人感到安乐、治愈	**090**
小 结		**092**

第4章 治愈你的不安、疲倦和无力感 095

01	坚持在每天结束之前写下保持积极心态的三行日记	**097**
02	发呆有助于激活大脑的默认模式网络	**100**
03	解除"做不到"这个想法的限制，大脑就能变得活跃	**104**
04	不做点什么就会陷入不安情绪的话，那就马上开始行动吧	**108**
05	把手机作为一种对外输出的工具使用时就会产生收益	**111**
06	通过"玩乐"锻炼自己感知喜好的触角	**115**
07	退休后尝试新事物的人在今后会越来越多	**118**
08	拥有客观视角的成年人能够考虑他人的感受	**121**
09	讨厌的事情只说一次或尝试用文字来记录	**124**
小 结		**127**

第5章　调整心情和行为方式　　131

01　先爱自己才能拥有爱他人的能力　　133

02　一旦接收到信息就尝试开始行动　　136

03　在重视羁绊的时代学会主动和他人建立关系　　139

04　释放压力、睡眠、运动和晨间散步有助于调整精神状态　　143

05　不用强迫自己立刻恢复外出，可以先从早上的日光浴开始　　147

06　差不多就行、一点点来、不过分努力，保持自己的节奏　　151

07　不要去想自己是否太过认真，去寻找活出自我的方法即可　　155

08　增加快乐时光，减少负面思考　　159

09　学会使用魔法的咒语肯定消极的自己："现在的我就很棒！"　　163

10　让人愉快的事都在未知的地方，鼓起勇气迈出第一步吧　　167

小　结　　170

结　语　　173

第1章

在职场上享受工作

好心情咨询室

能够坚持工作的人和忍不住辞职的人的差异在哪里?

问:能够坚持工作的人和忍不住辞职的人的差异在哪里?

28岁·男性

答:或许这种差异取决于心理韧性(心灵的柔软度)的不同。

01　学会自我成长，让职场变得更轻松

辞职的理由总是多种多样的。有可能是不适应工作内容或职场环境，也有可能是无法处理好工作中的人际关系，还有可能是因为自身的"心理韧性"不足而产生了想要辞职的念头。

所谓的"心理韧性"，指的就是内心的柔韧度。如果心理韧性不够，就容易产生心理健康问题；反之，当心理韧性足够强的时候，就能够妥善地处理自身的心理压力。因此，心理韧性就好像是"心灵的弹簧"一样，在有足够的回弹力的时候，即使感受到压力，负面情绪也能得以缓解或释放。然而，当心理韧性不足的时候，

这些压力就会直击内心。尤其是在职场上，人们感受到压力的时刻会更多。

职场并非是从一开始就能获取工作愉悦感或成就感的地方，这里往往存在着许多竞争和压力，但这是人人都会遇到的情况，并不值得过多地消耗你的精力。总是在意这些压力的人，长此以往就会因为难以忍受而选择辞职。与其如此，不如带着一种享受压力的松弛感来工作或许会更好。

当处理自己不擅长的工作时，你可以试着把它想象成一次克服自身弱点的机会。如果抱着"为什么要被迫做自己不擅长的事情"的消极心态，工作也会变得痛苦不堪。因此在遇到这样的事情时就把它当作是一次完成自我成长的机会吧！

人生体验感的丰富度取决于你是否拥有享受工作、生活的能力。不具备这样能力的人，在任何职场上都是苦熬。但只要牢记保持自我成长、敢于自我蜕变、善用自身优势、乐于享受工作这几点，工作就一定会变得更加轻松愉快。与此同时，心理韧性也能得以提升。

今天完成了昨天没能完成的事，这也是一种成长。但如果能在每天的工作中都挖掘出这样"小小的成长"，想必工作也会变得更有趣吧。

好心情咨询室

职场上的人际关系其实并没什么大不了。

问：为什么人际关系会成为最困扰的事情呢？

某女士

答：其实人际关系本来就是让人厌烦的事情，让我们学会忽视压力的方法吧！

02 别把他人的话当真，学会巧妙地躲开压力

人之所以会感受到来自人际关系上的压力，大多是因为太在意他人的言行。试着想象一下，在西班牙的斗牛比赛中，一头巨大且凶猛的公牛正直冲你而来，你尝试着用盾牌去抵御公牛的冲撞，却在巨大的冲击力之下被撞飞。即使你有一瞬站稳了脚步，但终究难逃被牛撞飞的命运。

然而，专业的斗牛士并不会像这样直面牛的冲击，而是采用轻盈巧妙的步法来躲避牛的冲击。斗牛士不但不会被撞飞，反而是牛会在一次次的冲撞之后疲惫倒下。这其实与忽视压力的方法有异曲同工之妙。

心理压力在日常生活中无处不在，人们的生活也并非每天都无忧无虑。迄今为止，我经历过许多职场变迁，但没有哪个职场的人际关系是毫无障碍的。即使因为当下的职场太过辛苦而选择跳槽，人际关系上的困扰也依旧会如影随形。

既然如此，那不如掌握躲开压力的技巧，这样做或许更加有效。日本人往往会因为太过认真的性格而时常感到压力很大。越是认真的人越是想要勉强自己，让自己直面压力，也因此越容易产生心理健康上的问题。

其实职场上的人际关系并没什么大不了，这样的人际关系在辞职之后也不会继续维系。因此并不值得在这样的事情上浪费精力，而应该将这些精力用于陪伴自己的家人或伴侣。

有这样一句格言："十人之中，一人以我为恶，二人以我为好，其余七人则对我漠不关心。"人际交往中，对于那些与你交恶的人，忽视他们的存在即可。当你把精力集中在与自己交好的人身上时，每天的生活也将会过得更加轻松愉快。

"海螺小姐综合征"的应对方法。

问：一到周日傍晚就会出现头痛、胃痛、呕吐和异常出汗等症状，我该怎么办？

50岁·女性

答：养成让每天的心情都能重新出发的生活习惯，不把疲惫带入周末。

03 不让压力过夜，每天的疲劳和放松都要保持"收支平衡"

想到马上到来的周一又要开始工作，于是从周日傍晚就开始情绪低落，这样的症状因为其出现的时间与电视台放映动画片《海螺小姐》①的时间几乎重合，因此被称为"海螺小姐综合征"。自诉这一时间段开始出现头痛、呕吐、胃痛或异常出汗等症状的患者，基本可以诊断为比较严重的"海螺小姐综合征"。

我一直提倡一种每天的疲劳和放松都能保持"收支平衡"的工作方式："全力工作，然后尽情放松"的循环要

---

① 《海螺小姐》是从1969年开始在日本上映的长篇动画影片，长期于每周日晚6点30分播出。——编者注

以一天为时间单位进行。早九晚五的工作时间内全力地工作，下班以后就专心玩乐、陪伴家人，抑或是享受美食、美酒，以放松自我来结束一天的生活。

我们之所以会在周日傍晚感到情绪低落，是因为长久以来一直被灌输了一种固定观念，即周一到周五是工作日，休息要到周末。但事实上应该养成不让压力过夜，保持每天的心情都能重新出发的生活习惯。如果每天都能消化掉当日的压力，那么度过周末的方式也会变得更加丰富多彩。比如通过读书来自我充电，或是逛逛美术馆，又或是与朋友一起喝茶、开车兜风，等等。我们可以更加宽松地安排周末的时间（见图1）。

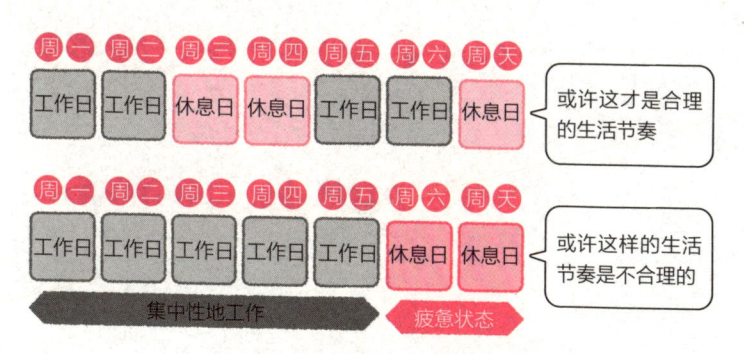

周一	周二	周三	周四	周五	周六	周天	
工作日	工作日	休息日	休息日	工作日	工作日	休息日	或许这才是合理的生活节奏
工作日	工作日	工作日	工作日	工作日	休息日	休息日	或许这样的生活节奏是不合理的

集中性地工作　　疲惫状态

图1　两种不同的生活节奏

大部分人总是在工作日堆积了过多的压力，因此不得不用周末的时间来消解压力。然而如果能养成当天的压力当天处理的生活习惯，那么无论是工作日还是周末都没太大关系了。我每天都坚持写作，即使是旅行中也是如此。然而每天傍晚之后的时间我就专门用来消遣玩乐。我通过这样的方式来消解每日的疲惫，实现每日疲劳和放松的"收支平衡"。

无法依赖他人。

问：很难开口请人帮忙或是依赖他人，我该怎么办？

35岁·男性

答：可以通过巧妙的请求方法来建立跟对方的信赖关系。

第 1 章　在职场上享受工作

04 学会依赖或尝试交付工作给他人，有助于建立信赖关系

有很多人都不擅长请求他人帮助或者依赖他人，其具体情况也各不相同。

比如有的人即使在事前已经征得对方的同意，但真到要请求帮助的时候，一看到对方好像很忙的样子就踌躇不前、难以开口。又比如有的人即使是向自己的下属分配工作这样理所应当的事情也无法开口。

之所以会有难以请人帮忙或者安排工作给他人的情况，很可能是因为彼此之间的信赖关系还不够。如果彼此之间有足够的信任，那就比较容易向人请求帮助或者交付

工作给他人。

被委任某项工作其实也是一种被人信赖的象征，想必谁都会感到开心的吧。反过来，如果难以向对方请求帮助或者委托工作给对方，也就表示你其实并不完全信任对方，对方也会感到自己不被信任。因此，要改善这个问题，就应该首先从敞开心扉、学会信任他人开始。在此基础上，再尝试通过委任工作的方式向对方表示信任。在此过程中，对方自然也能感知到你的信任。这样做，人们可以通过互帮互助的方式来加深彼此的信赖关系。

然而，如果没有麻烦到别人，却总抱着一种似乎会给人添麻烦的想法的话，那么无论何时都无法建立起信赖关系。

如果你不擅长请求别人帮忙的话，那也可以从改变你的请求方式上下功夫。比如尝试这样说："你前些日子的资料整理得非常好，能不能再请你帮帮忙呢？"像这样既夸奖了对方的长处，又陈述了请求的理由，就是一种能让对方感到愉快的请求方式。

好心情咨询室

学会面对批评也不沮丧的方法。

问：一旦被别人批评、提醒或是挖苦，情绪就异常低落，我该怎么办？

33岁·男性

答：将他人的批评当作自我成长的一次机会，尝试去理解其缘故并思考改善的方法。

05　完成输入→输出→反馈的循环

如果在公司受到来自上司的批评或责备，那么我们只需要去思考为什么会受到批评，然后尽力去改正它。如何去修正、改善错误呢？那就必须反思自己的错误之处，然后认真思考解决方法。这样也就没时间去沮丧、消沉或是责备自己了。

当我们在工作不顺或是遭遇失败的时候，尝试去找出问题、思考解决的方法，并对此做出修正的行为叫作"反馈"。不进行自我反馈，或是反馈不充分会导致我们在同一个地方犯错，再次受到训斥。但只要正确地完成了自我反馈就不会在今后犯同样的错误，至少比起之前来说，受到批评或责备的可能性会更小。

因此，当受到批评或责备的时候，我们可以尝试将其视作一次上佳的自我成长机会。不要受到打击之后一下子就变得沮丧，而是先尝试去分析失败的原因。

可以试着把失败的原因写下来，然后对它进行客观的分析并找到改善方法。还可以把这些都记录下来，或者放到计划清单当中去。

其实谁都难免会遇到失败，但重要的是不要在同一个地方失败，因此我们需要养成失败之后马上寻找原因的习惯。如果想要实现自我成长就必须坚持完成从输入到输出再到自我反馈的循环，这可以称得上是最为有效的工作方法（见图2）。

输入 → 输出 → 成功

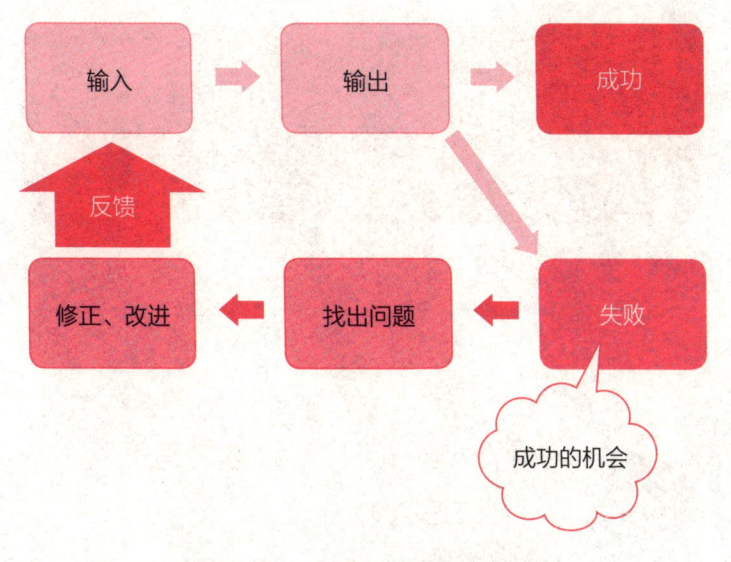

失败 → 找出问题 → 修正、改进 → 反馈 → 输入

失败 → 成功的机会

图2　输入→输出→自我反馈的循环

第1章　在职场上享受工作

好心情咨询室

学会在居家工作时保持情绪稳定的方法。

问：居家工作时容易情绪低落，我该怎么办？

47岁·男性

答：尝试增加线下见面的机会。即使是远程会议，也请努力增加闲聊的时间。

06 聚在一起或是毫无意义的闲聊也是一种休息方式

因为新冠疫情，尝试让员工居家远程办公的公司也越来越多。或许有人觉得不用浪费时间在路上，在家就能直接处理工作格外便利。但事实上，居家办公并非没有坏处。持续的居家办公会导致人出现情绪低落或是反而想去公司上班的情况。

这是一种"孤独感"的表现。虽然人们在线上也能"面对面"，但始终还是停留在虚拟的网络之上。当然，比起完全不和其他人交流，能在线上见面还是有一定的好处。但真实世界里面对面的交流更能给人带来心灵的慰藉。

总是居家办公会让我们的孤独感加剧，而这种孤独导致的心理压力就会慢慢蚕食我们的身心健康。在视频会议中，人的表情、语气等非语言的交流会变得难以感知。当我们与他人对视的时候，就会分泌一种叫作"催产素"的脑内物质，帮助调节我们的情绪。然而在视频会议中，人们总是不自觉地错开视线，因此催产素也就难以分泌。此外，仅仅是和他人聚在一起也有助于大脑分泌催产素，但由于居家办公使得催产素的分泌变少，因此人也容易产生更大的心理压力。

有论文指出，增加和人闲聊的时间有助于解决催产素减少的问题。但事实上在居家办公的情况下，人们很难制造闲聊的机会，即使上司想要和下属闲聊一下，年轻人也大多会想要快点进入正题。这或许是因为他们觉得闲聊不过是一件毫无意义的事情吧。

如果说现实世界中面对面的交流带来的积极影响是10分的话，那么线上交流就只有1分，而完全不和人交流则是0分。因此偶尔去公司上一次班，可以让我们的心情变好。这时候，闲聊甚至是上司的冷笑话都对调节心情有一定的效果。也有研究指出，毫无意义的闲聊也是一种休息方式，可以帮助人们调节情绪。如果只追求工作效率，完全排除一些"无用之事"，那么人们反而会变得疲于应付。

因此我们应该更加珍惜现实世界中与人面对面的交流机会，即使是居家办公，也不要忘了在正式开始会议前，增加一些闲聊的时间。

好心情咨询室

想要辞职。

极度渴望辞职,但既没有过硬的能力,也没有丰富的工作经验,我该怎么办?

28岁·男性

答:尝试写一封三个月后提交的辞职信。另外,关于辞职,商量的对象要在三人以上。

07 以辞职为前提来工作就能发现当下职场的优点

想要辞职的人很多，但并不是每个人都会真的辞职。那些最终没有选择辞职的人到底是因为什么呢？石川和南是一名时间管理顾问，他在25~30岁的阶段也曾考虑过辞职，但同时他也发现自己目前毫无技术和能力，即使换个工作也同样会过得很艰难。

因此他决定，不如先在当下的职场提升自身能力、丰富工作经验。于是，他抢先去做大家都不想做的苦活，即使被客户骂也将其视作为今后积累工作经验。当转变想法之后，他发现工作也越来越得心应手。

如果你也想要辞职，那么就先尝试写一份准备在三个月后提交的辞职信，然后把它放到抽屉里，秉持三个月后要辞职的心态来工作。这样的话，你就会想着反正只有三个月就要辞职了，心态也会变得轻松。轻松上阵反而能够更加客观地观察职场，从而发现其优点。比如当下的薪资待遇在业界也算比较高、休息日也不用加班，等等。我时常能听到人们换工作后感到后悔的事情，这其实是因为大家总是在离开之后才会发现以前公司的优点。

写一份三个月后提交的辞职信，其实就是提前发现辞职之后才能发现的事情。如果这样做也无法发现这份工作的好处，那么三个月之后真的提出辞职也就不会后悔了。

不和周围人商量就直接辞职的人大多会后悔。因此在辞职之前一定要和至少三位有过辞职或跳槽经验的人商量这件事。最好是能够听听来自辞职之后过得更好的人和辞职之后过得不甚如意的人两方的意见。只有在对辞职、跳槽的好处和坏处都足够了解的情况下，你才会做出不后悔的正确决定。

小 结

虽然工作压力、上司责备都是实现自我成长的好机会，但我们也要学会躲开压力。

① 给感觉工作棘手的人的建议

- 放弃忍耐，学会放松心情。
- 不擅长的工作也许正是成长的机会。
- 在每天的工作中尝试发现"小小的成长"。

② 给困扰于职场人际关系的人的建议

- 不要把别人的话当真，那只代表他自己的看法。
- 不要直面压力，而是学会躲开压力。
- 职场上的人际关系点到为止即可。

③ 给容易在周日晚上感到抑郁的人的建议

- 每天都要做到疲劳和放松的"收支平衡"。
- 白天努力工作，晚上充分休息。
- 不要让压力过夜。

④ 给无法依赖别人的人的建议

- 先从付出信任做起，自然也能得到别人的信任。
- 交付工作是一种信赖的表现。
- 交付工作可以加深彼此的信赖关系。

⑤ 给容易因为批评而情绪低落的人的建议

- 被批评的时候正是实现自我成长的良机。
- 学会把"事实"与"感情"分开对待。
- 反馈可以将失败转为经验。

⑥ 给因居家办公而情绪低落的人的建议

- 居家办公会导致人际交往的缺乏。
- 在现实世界中见面的感觉真好。
- 闲聊也有治愈的效果，多和人聊聊天吧！

⑦ 给想要辞职的人的建议

- 不要只盯着公司的缺点看,要学会发现其优点。
- 征求意见的对象要在三人以上。
- 放置一段时间后,情况或许会有所转变。

建立信赖关系很重要!

第 2 章

巧妙应对自己的情绪和压力

你的压力都是自己制造的！

问：听说大部分女性都偏爱帅哥，但自己却相貌平平，时常感到没自信，我该怎么办？

27岁·男性

答：请试着确认自己掌握的信息是否为先入为主的臆想。

01 只要消除认知偏差就能拥有积极心态

对于"大部分女性都偏爱帅哥"这个说法，大家是否尝试过调查其真伪呢？事实上，如果在网络上尝试检索"受女性欢迎的男性特征""让女性感到厌恶的男性特征"等问题，自然就会发现很多的相关信息。

实际上，当我检索有关"受女性欢迎的男性特征"的内容时，其实并没有发现将"长得帅"这一条放在首位的调查结果。占据首位的大多是"清爽"一词，然后才是"个子高""长得帅""有肌肉""皮肤好"。而在涉及结婚对象的调查结果中，还多了"有经济能力""在大公司工作"两条标准。

根据某项调查结果来看，只有三成的女性会把"长得帅"放入择偶标准中。也就是说，长相对于"是否受女性欢迎"并不是决定性的因素。因此即使自己长相平平，也可以尝试在其他方面努力。除了身高以外，其他外在条件都可以通过努力来提升。比如"有肌肉"可以通过肌肉训练来弥补，"高收入"可以通过努力工作来实现。至于性格，只要在日常生活中努力展现出自己体贴、温柔的一面，相信就会改变别人的观感。

我们的大脑容易受先入为主观念的影响，因此在不自觉之中总能接收与自己所预想的结果相关的信息，这在心理学中叫作"认知偏差"。"长得不帅就不受欢迎"，这也是一种认知偏差。因为已经有了这种先入为主的想法，所以人们就总会接收到"帅哥才受欢迎"这类信息。

除此之外，还有人会认为自己性格内向、不善言辞，并因此感到苦恼。但据我观察，世界上有八九成的人都觉得自己性格内向、不善言辞，仅有一到两成的人觉得自己善于社交、长于言辞。

大部分人会因为认知偏差而轻易下结论，并借此逃避问题。也就是说，你的压力其实都是自己制造出来的。想要避免出现这样的情况，你就需要冷静下来思考。其实利用手机检索相关问题的话，三分钟就可以完成这件事情。仅仅只是三分钟的时间，你就能发现自己并不是想象中的那样一无是处，从而由消极思维转换为积极思维。

好心情咨询室

如何自己评估压力大小呢？

问：不知道自己是否累积了很多压力，但时常意志消沉，我该怎么办？

35岁·男性

答：正常情况下，人是无法自行发现自己压力过大的，请尝试多倾听别人的意见吧！

02 用日记、博客记录心情和身体状况

本次的咨询者因为要同时兼顾照顾老人和自己的生意而患上了失眠症，之后又在就医时被诊断患上了抑郁症。即使如此，咨询者自身却感觉不到心理压力的存在。

事实上，人想要把握自己的压力状态这件事几乎是不可能的。迄今为止，我见过的患者也有几千位了，但当我问他们是否感到有压力时，所有人都异口同声地给出否定回答。每个人对于压力的定义和印象都是不一样的。如果人能够自行发现压力的存在，那么就会主动前来求医。但实际上大部分人都是在确诊抑郁之后，或是在距离抑郁一步之遥的地方，才会真正来医院看病。

为什么人不能把握自己的压力状态呢？这是因为当人在精神消沉的时候，对自身情况进行客观评估的能力也会随之减弱。比如我在调查失眠症患者的睡眠情况时，大部分人都回答自己睡了很长时间。但让人感到不可思议的是，越是那些每天只能睡4~5个小时的人，越是会觉得自己有足够的睡眠时长。越是身体状况欠佳的人，也越觉得自己的身体没问题。

反而是妻子、丈夫或友人、上司、同事等身边的人容易发现你的压力，比如他们会留意到你最近看起来很疲惫、脸色很差、笑容变少了或工作上总是犯错等变化。因此当周围的人向你表示关心的时候，不要不将他们的话放在心上，觉得自己没有大问题，而是应该及时意识到自己或许真的有些过于疲惫了。

想要解决这个问题，方法之一是写日记。日记能够帮助我们客观地观察自己的状态。或者也可以在脸书（Facebook）或者博客上发表记录自己心情或身体状态的帖子。通过与上个月或者是一年前的发帖内容进行比较，我们也可以客观地观察到自身的变化。我们还可以在早上起来之后，对自己当天的心情做个评估，假设心情状况上佳的情况是 100 分，那么估算一下自己今天的心情可以打几分。

总而言之，我十分建议大家平时就养成对自身状态进行客观评估的习惯。

好心情咨询室

压力对健康来说并非坏事？

问：是否有因为压力而患病的情况呢？

28岁·女性

答：适度的压力能让大脑更活跃，身体更健康。

03 压力并不一定有损健康，抗拒压力才是最大的压力来源

健康心理学者凯莉·麦克尼格尔在其著作《和压力做朋友：斯坦福大学的心理学课程》中提到了"压力是否会使人更易患上疾病"这一问题。她指出，自觉有压力的人的死亡率要比那些没有感觉到压力的人要高43%。但这个数据只针对那些认为压力有损健康的人群，而在那些虽然承受着很大压力但并不觉得压力会对身体有害的人群当中，并没有出现同样的死亡率上升的倾向。

也就是说，这其实是一种"期待效应"。如果认为压力对身体有害，那压力就会真的损害身体健康。事实上，

压力就是一种紧张状态，可以提高注意力，也能让大脑更活跃。虽然长期处于压力状态会让人感到疲劳，但短时间的压力状态反而能让人的思维更清晰，轻微的压力甚至可以让身体变得更健康。

因此压力会诱发疾病这件事并不一定是真的。同时，这本书里还介绍了其他发人深思的实验结果，比如给测试者们看一个小时关于压力有损健康的视频之后，测试者自身的压力指数和血液检查结果也会产生变化。

总而言之，人最终会变成自己所想的那样。比如人们在服用药物的时候，如果相信这个药物的疗效，那么实际的药效也会超出预期。这就是心理学中有名的安慰剂效应（也叫伪药效应）。因此，当人们认为压力有损身体时，可能就真的会生病。与其如此，那还不如抱着"适当的压力其实对身体无碍"这样积极的心态或许会更好。

我们总是想要尽量地消除压力，但其实这种思维反而会催生压力。压力主要源于人际关系或工作，但这些又都是没法从生活中完全剥离的部分。相反，如果相信压力并没什么坏处的话，那么我们也就不会勉强自己去抗拒压力，紧张状态也就能得以缓解。

好心情咨询室

没有可以倾诉烦恼的对象。

问：想要发泄坏情绪，却没有能够倾诉的人，我该怎么办？

答：你的身边一定有在意你心情的人，你需要做的只是发现他的存在。

04 如果想要别人倾听你的烦恼，就要先学会倾听他人

对于那些烦恼于没有倾诉对象的人而言，他们需要做的就是找到愿意倾听自己说话的人。当然，并不是要他们马上就找到这样的对象。一个月也好，三个月也罢，甚至花费半年以上的时间去寻找都是可以的。

每次当我建议咨询者们去尝试寻找一个能够和自己聊天或者是商量事情的对象时，他们往往会说自己身边没有合适的对象。其实当下没有可以聊天或商量事情的对象也没什么大不了的，只要从现在开始努力去寻找就可以了。因为我们身边一定会有这样一个愿意倾听我们烦恼的人存在。

其实别人也会渴望有一个倾听者，请尝试着去寻找吧！或许这个人已经在你身边了，只不过你还没有发现他或者是还没有勇气找他倾诉而已。

即使是那些觉得这个世界上没有人会关心自己的人，他的身边也一定有一个关心他的人存在，只是这个人暂时还没被留意到而已。

又或许，这个人其实意外地就在你身边，只是他并不会将"如果有需要的话可以找我聊聊"这样的话时时挂在嘴边。因此平时你可以按照普通的方式与他相处，当遇到了困难的时候再找他商量就行。

但是需要注意的是，如果想要别人能够倾听你的烦恼，那么你首先要学会倾听他人。如果只想要别人倾听你的烦恼却不愿意成为对方的倾听者，这未免有些太过自私了。

人和人的交流重在"相互平等"。如果平时就愿意多倾听对方，那么当你有烦恼的时候，对方也会愿意倾听你的想法。如果不能做到这一点，那么你就会陷入真正的孤独当中。

因此从今天开始，从周围人开始，尝试去学会倾听吧！

好心情咨询室

给心灵充电的方法。

问：因为太过疲惫而感觉心灵枯竭，我该怎么办？

27岁·女性

答：试着留出一些什么事都不做的放空时间吧！

05 放空自己,减少无谓的能量消耗

精神上的疲惫会导致身心能量的枯竭。生活中谁都难免有感觉疲惫的时候,下面介绍几个在这种时候可以给身心充电的好方法。

第一个方法是学会放空自己。无时无刻不在赶时间的现代人总是会抱着一种"浪费时间就很可惜"的想法,但其实给自己一段放空的时间是件好事。试着在下班回家之后到睡觉之前这个时间段里,抽出两个小时左右的时间,找个地方去放松自己。泡澡可以算是最好的放松方式了。白天人们的交感神经活跃,处于一种紧张状态。而到了晚上就会切换到副交感神经,整个人也就会变得放松。因此

白天忙一些也无妨，但到了晚上就不适合再继续忙碌。

第二个方法是保证睡眠。没有比睡觉更能恢复精力的方法了。疲惫的时候更要保证充足的睡眠。如果明明很疲惫还去聚餐喝酒或者唱卡拉 OK 到深夜的话，虽然切换了心情，但由于睡眠不足还是不能恢复精力。

第三个方法是避免和过多的人见面。虽然和人见面会让人感到治愈，但同时精神上也处于一种紧张状态。因此，如果每天都和人见面的话，我们自然就会感到疲惫。在这种时候，给自己留出一些独处的时间非常重要。

第四个方法是坚持运动。或许有人会想：明明已经很累了，还要坚持运动吗？事实上，跑步、快走或是游泳这些有氧运动，非常有助于生长激素的分泌。生长激素是一种能帮助身体恢复能量的物质，也有助于提高睡眠质量，从而帮助我们恢复精力。

第五个方法是尝试做一些让你感到愉快的事情。通过做自己喜欢的事情来保持心情愉悦，从而达到让精神状态焕然一新的效果，但要注意的是不宜过度。唱卡拉OK、玩游戏或是刷视频虽然是自己喜欢的事情，但是如果时间过长，反而会成为造成疲劳的原因。

如果身心能量枯竭的时候还继续勉强自己的话，人就会患上抑郁症。因此当感觉到精神疲惫时，尝试去放空自己吧！放松地生活对我们来说是一件好事。

好心情咨询室

不擅长释放压力。

问：我总是不能很好地释放压力，该怎么办？

某位女性

答：积攒的压力要在当天就释放掉。

06 不开心的事只说一次就把它忘掉，用"一次法"或充足睡眠、运动来消除压力

我想大家时常会听到"释放压力""消除压力"这样的说法。唱卡拉 OK、看电影等都是很好的消解压力的方法，但也有很多人还是认为压力是很难释放的。

要怎样做才能较好地释放压力呢？对此，我进行了长时间的研究，最终得到的结论是：当天的压力最好当天就处理完。

当人意识到最近好像压力有点大的时候，其实就已经来不及了。压力一旦累积起来，就很难轻易通过唱卡拉 OK 或者看电影这样的活动来完全释放掉。长期处于

压力状态下，身体就会加速分泌一种叫作"皮质醇"的压力激素。因此压力并不只是单纯的精神问题，也会表现在生理性的变化上，如身体的激素反应或其他指标的变化。

因此我认为每天都应该在压力激素增高前就释放掉压力。今天遭遇的困难、辛苦、厌恶感、失败感等都应该在今天之内就处理完毕。"一次法"就是解决此问题的方法之一。所谓"一次法"指的就是，所有不开心的事情都只说一次就忘掉。如果不断地重复不开心的事，那么大脑中关于此事的印象反而会逐渐加深，导致产生反效果。而对于那些"一次法"也不能消除的压力，可以尝试以下两种方法。

方法一是睡好，特别推荐保证 7 小时以上的睡眠时间。如果因为忙碌而选择缩短睡眠，那么压力就会只增不减。

方法二是运动。人只要稍微运动一下就能减轻压力。

如果进行 45 分钟以上、能够出汗的有氧运动，压力就会得到极大地释放，皮质醇的数值也会随之降低。这对于忙碌的人来说或许有些困难，但保证 7 小时以上的睡眠和坚持足够的运动对于释放压力来说十分重要。

好心情咨询室

> **窝在家里导致精神状态恶化的三个主要原因。**

问：一直窝在家里不外出对精神状态有坏处吗？

30岁・男性

答：一天至少出门一次，即使是去散散步也好。

07 通过外出活动来消除导致精神状态不稳定的因素

或许由于居家远程办公这种工作方式的普及,从早到晚一步也不迈出家门的人变得越来越多了。但是这样的人要特别注意,你很可能会因此患上精神类的疾病。为什么这样说呢?以下将介绍三个主要的理由。

首先,不外出会导致运动量不足。运动会帮助人分泌让大脑活跃的多巴胺,以及让情绪稳定的血清素等物质,这些物质也被称作快乐物质。运动能让患上阿尔茨海默病的概率下降三分之一。反之,如果运动量不足的话容易诱发精神类疾病。每天 30 分钟的散步是避免患上生活方式病的最低运动量。

其次，不外出会导致每日接受的日照不足。适当吸收阳光对人体非常重要。此外，人体内的生物钟会在沐浴阳光时得到校正。如果一直待在家里不外出，也吸收不到阳光，体内的生物钟就会发生紊乱，进而导致夜间无法正常入睡。此外，血清素缺乏还会导致精神消沉，引发抑郁。

最后，不外出会导致和他人的交流减少。我们在不外出的情况下很难见到除家人以外的其他人。如前所述，和他人的交流其实也是一种治愈心灵的方式，而孤独之所以是导致阿尔茨海默病的原因之一，是因为当我们和他人见面交流时，大脑会处于一种紧张状态，思维也会变得活跃。也正是因为这样，和他人交流机会较少的独居老人很容易患上阿尔茨海默病。而和他人交流时分泌的催产素，也叫作"幸福激素"，则能有助于提高免疫力，达到治愈心灵的效果。即使是在精神衰弱的情况下，如果能分泌催产素的话，那么精神状态也能得以恢复。

以上仅仅是关于此问题的三个主要原因的解说，为了保证良好的精神状况，建议大家都养成每天外出散步的习惯。

小 结

睡眠、运动、清晨散步、放松是消除压力的特效药。

① 给那些容易陷入臆想的人的建议

- 不去臆想，压力自然也就没有了。
- 相信自己是多数派，你不是自己想象中的那样一无是处。
- 有烦恼的时候尝试先冷静下来调查，将负面思维转换为积极思维。

② 给积累了过多压力的人的建议

- 人无法发现自身存在的压力。
- 越是说没大碍的人越是会出问题。

- 试着写写日记，每天都观察自身的身体状况。

③ 给那些太过在意压力的人的建议

- 适度的压力能提高大脑的运转效率。
- 越是抗拒压力的存在，就越是会增加压力。
- 相信能成功，就一定能成功。

④ 给那些没有商量对象的人的建议

- 会担心你的人一定存在！
- 如果想要别人倾听你的烦恼，那么就要先学会倾听别人。
- 鼓起勇气去找人商量吧。

⑤ 给那些什么也不想做只想放空自己的人的建议

- 放空自己是最好的休息。
- 疲惫的时候要学会节约能量。
- 什么也不想做的时候那就什么都别做。

⑥ 给不擅长释放压力的人的建议

- 当天的压力应在当天之内处理。
- 保证充足的睡眠和运动。调整好身体状态,压力自然就消失了。
- 不开心的事只说一次就忘掉,不要重复。

⑦ 给那些不出门的人的建议

- 每天早上散步5分钟也会有很好的效果。
- 孤独是种毒药,不和人见面会诱发精神类疾病。
- 与人交流是一种治愈方式。

> 不要太把压力当作坏事。

第3章

了解各种各样的交流方法

好心情咨询室

给有强烈自我厌恶感的人的三条建议。

问：工作时遇到了讨厌的人就会情绪低落，我该怎么办？

37岁·男性

答：十个人里总会有一个讨厌你的人。不用过于悲观，无视他的存在即可。

01 尝试三种不同的应对方法，找到最合适自己的那种

在十人左右的团体里，队伍里总会有那么一个人和你合不来，而在二三十人共处的工作场景下，要保持和所有人的友好关系就更不可能了。即使五人以下的小团队可以努力保持和谐相处，但一旦人数规模扩大，难免就会产生矛盾或对立。这就是人际关系的本质，问题并不是只出现在你一个人身上。在当下的职场中，一旦人际关系出了问题，有人就想通过换工作来解决，但你要清楚，下一个职场也一定会有和你合不来的人。

如果想要在当下的工作中去应对这种合不来的同事，推荐尝试以下方法：消极应对、积极应对和中庸应对。

所谓消极应对，指的就是通过恶言恶语或是设计陷阱来报复对方；积极应对则指的是无论对方说什么，都用微笑或感谢来成熟地应对；至于中庸应对则是面对这样的事情时，不生气反驳，也不过分迎合，无视其存在就好。

采取以上哪种方式应对取决于你自身。但总体来说，在职场上采用中庸应对或者是积极应对的方式会少掉很多麻烦，也比较容易收拾场面。可以说无视其存在是最轻松的一种应对方式（见图3）。

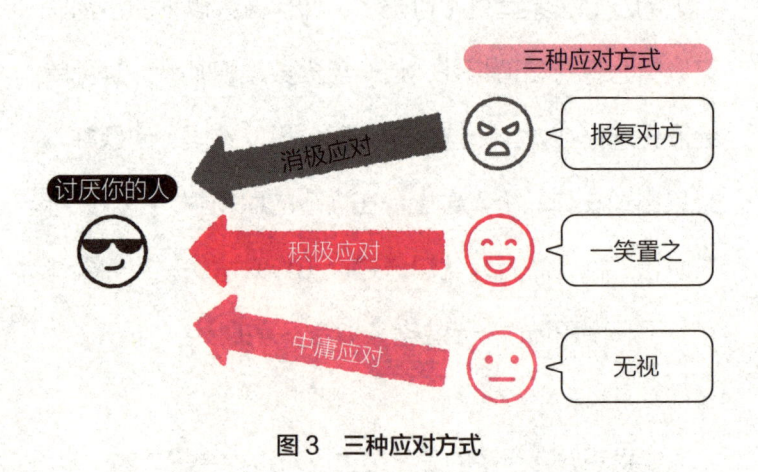

图3　三种应对方式

所以不要一有什么就马上陷入悲观情绪。当遇到讨厌自己的人时，只需要想着："啊！十分之一的负面星人出现了！"心态就会变好。

好心情咨询室

和别人交心的方法。

问：要怎样和那些无视别人意见或者情绪不稳定的人打交道呢？

36岁·女性

答：过去和他人是无法改变的，我们只能做好自己能力范围内的事情。

02 学会唤起对方想要尝试的意愿

从事教师或者心理咨询师这样的职业的人，秉持"但愿这个人能变好""希望这个人能努力"这样松弛的心态工作会比较好。人是无法完成超出自己能力范围之外的事情的，长期勉强自己的话就容易患上"身心俱疲症候群"这样的心理疾病。越是热心的人就越容易如此。

想要违背他人自身的意志去改变他人是一种徒劳，单方面的强迫行为会引发对方的反抗之心。即使你是好意，但对于对方来说可能是一种困扰。

想要改变他人只有在对方也愿意做出改变的时候才能

成功。因此保持一种想要尝试的心态非常重要。在心理学上，这种心态被称为"开放心态"（open-minded，敞开心扉）。也就是抱着一种"这个或许挺有趣的""如果能做这个的话一定会变得很棒吧"的心态去尝试，当觉得"这个的话大约是没问题的"之时，你的内心就已经敞开了。

当人在敞开心扉的时候，无论对方是提出建议还是给予鼓舞，都会产生一种感激之情。然而想要打开心扉需要一定的时间，至少也在半年以上。两三次的接触就能敞开心扉的人，十人中也不过一人左右，因此不能过于着急。

如果对方是小朋友，只通过语言是很难让对方敞开心扉的，还需要感情（emotion）的交流。我们可以通过情感上的贴近、表现出担心的感觉或是保持稳定的情绪等非语言性的交流方式来打动对方。

即使非常努力想要打动对方，但对方是否能听进去还是取决于其本人的意志。毕竟是他自己的人生，并不能以你的意志为转移，所以你也没有必要因为这件事来责备自己。你需要做的只是尽自己的全力即可。

好心情咨询室

插不上话时的应对方法。

问：如何改善自己存在感薄弱的情况？大家聊天时我总是插不上话，因此也很难建立起良好的人际关系。

27岁·男性

答：不用勉强自己去加入别人的话题，存在感薄弱也是一种很棒的个性。

03　学会肯定、认可当下的自己

　　一个和谐的团体里既有爱说话的人,也有不爱说话的人,还有偶尔发言的人。团体里除了发言者之外,也需要倾听者。

　　如果人总是想着如何炒热气氛、如何更多地加入话题,抑或经常犹豫是否应该在下一个时机插话,那他不但不会感到开心,反而还会变得疲惫。

　　团体里确实需要能够带动话题的领导者,大家想要扮演这个角色的心情可以理解,但其实这并不是一件轻松的事情。无论是尝试带动气氛还是时刻留意众人的状态,都有其不容易的地方。

在这个世界上，爱说话的人也好，不擅长交谈的人也好，存在感强的人也好，存在感弱的人也好，不都该有其存在的价值吗？大家都想要变成开朗、外向、能让别人开心的人，但是如果世界上全是这样的人，那也会变得难以接受吧！

我并不认为存在感低的人就一定不受欢迎。如果极端地在意、担心这个问题，甚至因此变得自卑、不自洽的话，那其实是给了自己过大的压力。

长期扮演与自己本来性格不相符的角色会带来极大的压力，让人生变得痛苦。并且因为那并不是真正的自己，所以也无法长久地演下去。

当你经历了各种尝试却都不尽人意之后，你最终选择回到原点，并承认自己就是一个存在感不强的人。这时候，你会第一次感觉到自我肯定感的增强，开始能够自发地去和别人交流。

是要认可当下的自己，尝试迈向下一步，还是花费一生的时间徘徊在试图改变自己的路上？最终选择权在你自己手上。

好心情咨询室

不去在意他人眼光的方法。

问：讨厌总是在意别人眼光的自己。有没有能转换思维方式、活出自我的方法呢？

42岁·女性

答：有自己的想法，明确自己想做的事情。

04 写作是提高自我观察力的最快方法

大部分日本人都十分在意别人的眼光。毋庸置疑，这会让人变得不幸。因为世人的发言总是肆意且利己的。哪怕试图去迎合某人的想法，也会出现持反对意见的人，最终让你不知如何是好。

如果太在意别人的眼光，那么就没法完成自己想做的事情，最终还是会招来指责。反正怎么做都会受到指责，那倒不如就做自己想做的事，过自己想过的人生，这样不是更好吗？

即使如此还是会忍不住在意他人眼光的人大多是因为

对自己没有信心，听从别人的意见会让其感到"轻松"。但是如果能明确自己的想法或想做的事情，那么只要朝着这个方向努力就可以了，因而也不会在意他人的意见了。

写日记是帮助我们确认自己想要过哪种生活的最好方法，请把今天发生的事情或是感到快乐的时刻用写作的方式总结起来吧。这样你就会更清楚自己正在思考什么，因为什么事情而感到开心，又因为什么事情而觉得痛苦。通过这样的方式可以提高自我观察力。因为知道了自己的长处，从而获得了自信；因为了解了自己的不足之处，从而想要去改善它。

仅仅只在脑海里自问自答是没有用的，人如果不试着"输出"就无法成长。这里所说的输出指的就是"说"和"写"。和他人讨论虽然也是个不错的方法，但是如果没有形成自己的意见就去和他人讨论，最终只会附和他人的意见。而通过写日记的方式来记录自己的所思所想，这种训练方法可以帮助你不受他人意见的影响，过上独立的生活。

> **我就是我！**

问：对自己的身材、性格不满，无法喜欢上自己，我该怎么办？

25岁·女性

答：无论是性格缺陷还是不完美身材都是你的一部分，请尝试抱着这个想法生活，你的心态也会变得轻松。

第 3 章　了解各种各样的交流方法

05 人的长处就像原石，需要打磨才能显现

许多人倾向于否定自己的缺点，也不承认有自卑感，然而这些特质正是我们身体或性格中无法割除的一部分。如果太过苛责或否定其存在，就会导致自我肯定感的下降。越是把注意力放在自己不够好或是不够可爱的地方，我们的自我肯定感就会越发下降，人也会变得更加不自信。最终结果就是，我们无法抱着积极的心态去面对新事物，难以迎接新挑战，最后陷入人生窘境。

因此，接纳自己的缺点也是成长的一部分，学会肯定这样的自己是一件非常重要的事情。即使有缺点或不足那也没关系，因为这些都是你的个人特色。

我们要学会把更多注意力放在自己的优点上，而不是过度关注自己的缺点。虽然很多人都觉得自己没什么长处，但其实每个人都有着许多优点，只是这些长处不经过打磨就无法显现。比如运动或音乐才能只有极少数人是与生俱来的，大部分人都需要通过不断的练习才能在人群中脱颖而出。

兴趣就是这样的原石，只要经过打磨就能变成自己的长处。如果有一件事能让你废寝忘食，那么这就是你找到自己长处的线索之一。一旦找到这样让你热衷的事并坚持下去，那么它就有可能变成你的长处。然而如果发现兴趣却不去打磨，那么长处也不会闪现，还容易被忽略掉。正因为你的潜能在最初阶段不过是未经打磨的原石，所以后天的努力才更可贵。

要想知道自己拥有怎样的才能或者资质，最重要的就是勇于尝试各种各样的事情。在寻找自我的过程中，你一定会发现自己身上的无限可能。

敢于表达自己想法的方法。

问：我是想说而又不敢说的性格，要怎么做才能处理好人际关系呢？

24岁·女性

答：如果是不擅长语言表达的人，那就尝试用非语言的方法去表达吧。

06 通过表情、语气或氛围来表达自己

想必很多人都希望自己能够率直地表达意见。这或许是因为这样的人大多在遇到别人指责的时候不会为自己辩白，也很难主动用强硬的语气去表达意见，又或许是因为他们不擅长口头表达而难以反驳别人的观点。

从结论来说，有时候并不一定要做到有话直说。其实人与人的交流主要通过两种方式进行：一种是语言交流，另一种是非语言交流。所谓语言交流就是通过语言来直接传达观点和想法。而非语言交流则是通过表情、语气或氛围来传达语言之外的信息。

如果不擅长用语言来表达自己的想法，那么可以使用非语言交流方式来传达信息。比如你在骂对方"你这个混蛋真烦人"之后，或许也会被对方回骂"你才是混蛋"。像这样你来我往的互骂就会引发持续的争吵。然而如果这时采用沉下脸来不说话的非语言方式回应对方，更能表现出拒绝交流的意思。也就是说，非语言的表达方式既能向对方传达你的想法，又能适时地停止无意义的纷争，这就是非语言交流的巧妙之处。

或许有人会觉得要做到这样并不容易，但如果我们从平时开始就有意识地尝试用情绪而非语言去传递信息，那就会慢慢适应这种方式，后期就能够做到。

对那些不擅长直接表达自己想法的人而言，只要意识到交流的方式并非只有语言一种，其他方式同样能够表达自己的想法这一点，之后在人际交往中就也能更加轻松地应对。

为了像"暖帘"①一样生活，我们需要做到的事情。

问：因为压力过大而陷入了精神泥沼。要怎样才能提升自己的精神力呢？

31岁·男性

答：那就像"暖帘"那样以松弛的态度生活吧！用手一掀就开，放下又能瞬间恢复原状。

① 暖帘：是指日本传统店铺门口悬挂的布帘，比喻在生活中保持灵活适应的态度。——编者注

07 具备输出力和自我洞察力

所谓的"扛压"并不是指忍受压力或直面压力的能力，忍受或直面压力只会让人被强大的压力压倒。与其如此，不如像斗牛士轻巧地晃过凶猛的公牛那样，或者像"暖帘"一样轻松应对，去巧妙地避开压力，就能避免压力带来精神损耗。

要做到这一点，就需要具有能够观察自身状态的"自我洞察力"。如果不能好好地观察自身，那么也就无法发现自己是否正承受着压力，是否已将受到的压力排解掉，应该怎样去对应这些压力等问题。

因此，我建议大家都可以尝试通过写日记的方式来提高自我洞察力。在日常工作中，一旦被上司批评，不要只是想着"被批评了"就生闷气，而是应该总结：自己为什么被批评了？是在怎样的情况下被批评了？因为自己什么样的态度被指责了？自己在整件事情中是否有过错或疏漏的地方？反过来应该要怎么处理这件事更好？并把这些内容记录下来。

仅仅只是在脑子里想这些问题是没用的。因为大脑的注意力很有限，当我们被批评时，"被批评了"这件事就占据了大部分的注意力。仅靠剩下的极小一部分注意力来努力思考也不会想出什么好点子，因此也就没办法完成反馈的工作。

经过自我反馈之后，如果自身没有过失那就没有必要消沉低落；如果自己有过失，那么就要切换到考虑下次再进行改善的思维模式。提升自我洞察力之后，我们也就更能想到合适的应对方法，从而使自己不流于一时的感情，变得情绪可控。如果自己都不清楚应该如何思考、如何行动、如何接受的话,那么也就不能控制自己的情绪了。

  然而想要灵活应对也并非一朝一夕之功。我们可以通过记日记来提高自己的输出能力,还能更好地复盘,最终才能较好地控制情绪,像"暖帘"那样轻松地应对生活。

请留出属于自己的时间！

问：总是没有人陪的话，我会感到孤独和不安，该怎么办才好呢？

29岁·女性

答：与人相聚是治愈，独处也是一种治愈。享受孤独，用心去体会人生百态。

第3章　了解各种各样的交流方法

08 独处能让人感到安乐、治愈

无论男女，年轻的单身者中总有不少人因为独自一人的生活太过寂寞，从而选择每天都和朋友一起外出玩乐的生活方式，但其实一个人度过的时光也很美好。或者说有时候，我们必须要有一些独处的时间才行。

和别人在一起的时候固然很愉快，但需要察言观色、注意言行的情况也不少。注意对方的情绪和感受会让人在人际交往中保持一种紧张感。当然，这其中自然也存在让你相处起来感到很轻松的人，但总的来说，如果每天都和人见面，或者一整天都和那个人待在一起，难免会给人带来精神上的疲惫感。

需要和人打交道的工作会消磨人的精神能量。因此在结束工作后回到家，享受独居的悠闲感和孤独感是非常必要的。独自一人听着音乐，喝着啤酒，看会儿电视，这样的时光也很不错吧。

独处是一种不用在意别人的情绪、解放自我的生活方式，与其消极看待，不如积极地去适应它。

我会时不时地一个人去酒吧喝酒，店里有店员和其他客人，因此我不会感觉孤独。当然我也可以不用和别人交谈，放空自己，更能让我感到轻松和治愈。

如果拥有这种只属于自己的独处时光的松弛心态，那么整个人的状态也会变得清爽。或许也有那种一定要把自己的日程排得满满的才安心的大忙人，但这样的人也会有感到筋疲力尽的时候。不妨试试偶尔留出一段什么都不做的空闲时间吧！或许会有意外收获。

孤独并不一定就是坏事，请尝试让自己学会享受孤独吧！

小 结

即使有缺点也没关系，现在的你就已经很棒了！

① 给苦恼自己不受欢迎的人的建议
- 十个人里总有一个人讨厌你，不必追求所有人的喜爱。
- 对于那些讨厌你的人，无视其存在即可。

② 给想要改变他人的人的建议
- "过去"和"他人"都是无法改变的。
- 凡事尽力即可。
- 与其试图改变别人，不如改变自己。

③ 给想要变得能言善辩的人的建议

- 比起变成善于表达的人，不如变成善于倾听的人。
- 不要对自己的短处过于悲观，请尝试思考如何善用这样的短处。

④ 给在意别人眼光的人的建议

- 在别人的价值观下生活一定会变得不幸。
- 自己的人生要有自己的价值观。
- 多问问自己：我想过怎样的人生？

⑤ 给过分在意自己缺点或不足的人的建议

- 即使有缺点或不足也没关系，那也是你的个人特色。
- 有缺点的你也很棒！抱着这样的心态生活就会很轻松。
- 人的长处就像原石，需要打磨才能显现。

⑥ 给不能直接表达意见的人的建议

- 不通过语言也可以传达你的想法，请有意识地使用非语言性的表达方式。

- 用表情、语气、氛围去传递信息。
- 非语言性的表达能力可以通过练习来提升。

⑦ 给想要增强精神力的人的建议

- 不一定要忍受压力，可以像"暖帘"那样灵活应对。
- 不要去直面压力，而是去化解压力。
- 多观察自己的状态。当能把握自身状态的时候，人就会变轻松。

⑧ 给觉得独处会寂寞的人的建议

- 和人见面是一种放松，独处也是一种放松。
- 过多地和人打交道也会变得疲惫。
- 不妨偶尔尝试去享受孤独。

> 有缺点的你也很棒！

第 4 章

治愈你的不安、疲倦和无力感

好心情咨询室

觉得自己没用时的应对方法。

问：明明是做着特别热爱的工作，却总是感到不安，要怎样才能放松心态呢？

57岁·女性

答：在睡前写下三件觉得自己做得很棒的事情，谁都能拥有积极心态。

01 坚持在每天结束之前写下保持积极心态的三行日记

明明做着喜欢的事情，也取得了不错的成果，但仍认为自己做得不够好，还会因此陷入不安，这样的人其实拥有十分典型的消极思维。据我自己的调查结果来看，世界上拥有积极思维的人不过两成左右，大部分的人其实都是消极思维者，因此时常陷入自卑消沉之中也是人之常情。

消极思维者总是过分在意自己的失败，即使很好地完成了工作但还是会给自己挑刺，然后变得消沉。像这样的人，即使有 99 个快乐的理由也还是会沉浸在那 1 个苦恼之中，无法获得幸福感。

大多数消极思维者都有将目标设定过高的倾向。过高的目标在无法达成的时候就会变成情绪低落的诱因，因此我们要尝试把目标设定得更合理一些。这样设定目标，即使做的事情和之前一样，但对自己的看法也会有所改变。把目标设定得合理一些，也会让我们发现自己做得好的地方，这就是我推荐的从消极思维转为积极思维的方法。

转换思维的具体方法就是坚持写下保持积极心态的三行日记。结束一天的活动之后，我们可以在睡前记录下三件今天觉得很棒的事或是觉得自己做得不错的事。一行字记录一件事，总共三行。如果连三件事都想不出来，那么写一件事也可以。先不去管那些做得不好或是失败的事情，只聚焦自己做得好的地方。

哪怕结果是失败的，但只要尽力了，那就是积极的事情。无论是怎样不好的结果，只要有做得不好的地方就一定会有做得好的地方。怀抱热情去完成一件事情也可以作为积极的事情被记录。每天只要能做好一件事，那就是非常棒的人生了。

疲劳时消遣时间的方法。

问：空闲时间想看会儿书,却因为疲劳而难以集中精神,我该怎么办?

34岁·男性

答：疲劳时不要勉强自己,偶尔发会儿呆,让大脑休息一下也不错。

第 4 章 治愈你的不安、疲倦和无力感

02　发呆有助于激活大脑的默认模式网络

我时常会推荐大家利用通勤等碎片时间来进行阅读、学习，这些都是有助于自我提升的活动，可以让自己实现飞跃性的成长。特别是对职场人而言，无论是工作还是生活都十分忙碌，想要抽出完整的一个小时来学习是件很难的事。因此对这样的人群而言，如果想进行自我提升的话，通勤路上的这段时间是最理想不过的了。

然而，在结束一整天辛苦的工作后坐上了回家的车，大多数人想必都是十分疲惫的状态。即使如此，还是会有一些对自己有着高要求的人会努力想利用这段时间来读书或学习。是否有必要做到这一步呢？这确实是个很难的问题。

就结论而言，人在疲劳时，注意力也会变得难以集中。因此在这样的时刻，即使勉强自己去学习，也不会有太好的效果。所以我一直建议，这时候选择休息一下会更好。疲惫的时候即使看书也会看不进去，所以事实上并不能真正实现自我成长，反而是一种时间的浪费。

我在疲惫的时候就不会看书，而是选择放空自己。很多人会觉得发呆是件不好的事，但其实最近的研究表明，事实并非如此。

人在发呆的时候，大脑的默认模式网络会被激活。所谓默认模式网络，就像电脑的待机模式一样。在待机模式下，人的大脑反而会变得更加活跃，并开始自动整理过去储存在大脑内的信息和记忆等内容。

也就是说，给自己一些发呆的时间反而会让大脑变得更加活跃，学习的效率也能得以提升。因此从脑科学的角度来看，在回家的车上发会儿呆也是一种时间的有效利用。

应对"反正我不行"这种想法的方法。

问：总觉得自己不行而难以开始行动，我该怎么办？

30岁·男性

答：降低预期目标，把"无论如何先试一试"变成口头禅。

第4章 治愈你的不安、疲倦和无力感

03 解除"做不到"这个想法的限制，大脑就能变得活跃

　　失败的原因其实就是你自己先说了"做不到"这个词。当你说出这个词的瞬间，大脑也就自动停止了思考。人的大脑时刻在高效地运转，因此大脑不会把能量浪费在那些绝对不可能的事情上。如果本人都说了做不到的话，那么大脑也就会判断这件事不值得尝试。

　　在认为有一定难度、不知道能不能成功的时候，人的大脑反而能最高效地运转。比如报考勉强有希望能考上的学校时，抱着"绝对考不上"的想法学习与抱着"只要努力一定能成功"的想法学习，在这两种情况下，大脑的运转效率会有很大差异。也就是说，只要解

除"做不到"这个想法对我们大脑的限制，结果就能有所改变。

对此，我们首先可以从尝试行动开始。把口头禅从"做不到"改为"无论能不能做到，总之先尝试一下"。此外前文中也提到过，我们还可以尝试降低自己的预期目标。

当我建议大家可以尝试早上散步的时候，大家都会说"做不到每天早起散步"。但其实我一次也没有说过"每天早起"这个词。我所说的早上散步指的是早上起床之后抽15 分钟散步即可，并不需要一大早起床。如果 11 点半才醒来，那么 11 点 45 分出发去散步也可以。

总之，先降低自己的预期目标，从每周一次的 5 分钟散步开始做起，这样的话就不会觉得自己做不到了吧。

此外，我们还要改掉"行或不行"这种二选一的思考方式。哪怕只完成了一小步，也可以当作自己已经做到了这件事，比如把一周去散步一次也视为达成目标。当我们把已经做到的事都当作自己的成果之后，曾经做不到的事也自然就能做到了。

减少不安情绪的三个最佳方法。

问：虽然升任了公司的经理一职，但没有自信能做好，我该怎么办？

49岁·男性

答：收集信息、继续学习、提升自我并保持积极地输出。

04 不做点什么就会陷入不安情绪的话,那就马上开始行动吧

升职当然是件值得高兴的事,但因为升职之后工作内容、人际关系的变动而产生不安的情绪,这也是可以理解的。从生物学的角度来说,不安情绪其实就是需要马上开始行动的信号。因此,我对于消除不安情绪的建议就是先动起来。尝试转换视角,把感到不安或正在烦恼的事当作应该做的事并一件件着手去做,那么不安的情绪自然就会减轻。在此基础上,我再介绍三种消除不安、获得自信的方法。

第一,收集信息。当人陷入不安的时候,大脑中感知危险的警报器——杏仁核就会进入兴奋状态。而语言能抑

制杏仁核的过度兴奋，语言信息的接收能让人变得安心。也就是说，当人感到不安的时候，可以通过大量收集让人安心的信息来缓解不安情绪。

第二，继续学习。最简单的方法就是看书，书店里面有很多关于"成为管理者应该读的书""初次尝试管理"等内容的书。作为收集信息的一种方式，在正式上任之前，我们可以先好好读一下这方面的书，用理论武装自己，增加自信心。这里的重点在于，不要在遇到困难的时候再去看这些书，而是应该事先学习，通过学习来提升自己的能力。

第三，积极地输出。面对全新的职场环境，如果消极地思考就会陷入不安，因此应该积极地去"妄想"。把升职当作自我成长的一个机会，进行积极地输出（如升职的好处、升职后想要做的事情等），至少写出七个想法。书写是一种非常有效的输出方法，在写作的过程中就能切换心态去享受新职场。

消除不必要忧虑的最佳方法。

问：不知道现在该做些什么才好，对未来也感到十分迷茫，我该怎么办？

36岁·女性

答：请尝试在社交媒体或互联网上进行分享，锻炼自己的对外输出能力。

好心情咨询室

05 把手机作为一种对外输出的工具使用时就会产生收益

工作方式可以分为输入型和输出型两种。输入型的工作方式指的就是像昭和①时代那样，完全听从上级的指示来完成工作。然而在当下这个时代，比起人类，电脑或搭载了人工智能系统的机器人在这样的输入型工作上的表现更为优异。因此，如果是只能做输入型工作的人，就会逐渐被人工智能所取代。

由此可知，如果去思考有什么工作是人工智能所不能

---

① "昭和"是日本裕仁天皇在位时使用的年号，出自《尚书·尧典》中的"百姓昭明，协和万邦"。其使用时间为1926年12月25日—1989年1月7日。——编者注

及的，那么就会迸发一些新的灵感，愿意尝试一些创新型工作，或给自己增加附加价值等，这些都能转化为对外输出力。"输出"指的就是"说话""写作""行动"等，这些能力在今后的时代或许会变得越来越重要。

年轻人应该要多多打磨自己的对外输出力。具体来说，大家可以尝试写一写书籍的读后感或电影的观后感，表达自己的想法，以及和朋友讨论等。从日常生活中的小事做起，努力提高自己的输出力。网络时代的交流主要在于文本（文字、文章等），所以对写作能力的要求也会越来越高。

当今世界的另外一个主角是网络。借助智能手机来进行内容输出不仅会产生收益，而且你所能看到的世界也会发生变化。因此我们可以不断尝试在网络上上传你所拍摄的视频内容，发布自己创作的小说或音乐，专卖闲置的物品等，积极地活用网络并进行信息输出。信息输出之后你也会收集到更多的信息，不知不觉间，你就有可能成为颇有人气的视频内容创作者或创业者。总而言之，网络蕴含着无限的可能性。

不过如果一开始就给自己设定"要通过网络赚到大钱"这样的远大目标,那就很容易因为不能马上实现而感到气馁。因此保持一种重在娱乐的心态很重要。

好心情咨询室

找到毕生事业的方法。

问：我要怎么做才能找到毕生事业？

32岁·女性

答：走出舒适圈，从小的挑战开始尝试。

06 通过"玩乐"锻炼自己感知喜好的触角

工作可以分为"温饱型工作"（Rice Work）、"享受型工作"（Like Work）、"使命型工作"（Life Work）三种。所谓"温饱型工作"即为生计而从事的工作。想要生存下去就需要收入，因此即使是不喜欢的事情，为了温饱也不得不做下去。

而"享受型工作"指的是自己喜欢并享受的工作。比如爱和人交流的人，从事服务业或销售这种需要和人打交道的工作应该会觉得很愉快吧。或者像我这样喜欢写作的人，如果通过写作能够维持生计的话，那也能称得上是"享受型工作"。

而"使命型工作"的喜欢程度逐渐加深，持续精进并有所突破的话就会变成"天职"，即毕生事业。比如说我想做的事情就是通过积极地输出有用的信息来帮助大家预防精神类疾病，因此做自媒体就可以说是我的毕生事业。

毕生事业可以通过挑战新的事物来发现。这里说的挑战并不一定是非常大的挑战，也可以是对未知世界的一种浅显探索。大多数人都生活在自己所熟知的场景、人群和工作环境（舒适圈）当中。如果觉得现在的工作不是自己的终身事业的话，那就说明已知的世界里没有你的毕生追求，如果不突破这个舒适圈，那就无法发现它。所以试着走出自己的舒适领域，进行一些小小的挑战吧，比如可以进行人生中的第一次露营，去和不同职业的人交流等，从这种细微的小事开始就可以。

此外，探出自己兴趣的触角或跟随自己的好奇心去行动也是不错的尝试。在不断尝试自己喜欢的事、享受的事的过程中，你或许就能找到自己的毕生事业。

无论多少岁都要享受人生！

问：无论多少岁，人生都能重新出发吗？

60岁·男性

答：只要养成输入和输出的习惯，那么无论多少岁人生都能再出发！

第 4 章　治愈你的不安、疲倦和无力感

07 退休后尝试新事物的人在今后会越来越多

从结论而言，我认为人生无论从什么时候都能重新开始，即使现在已经 70 岁也是如此。这是因为虽然人们随着年龄的增长会失去一些东西，但在这个过程中也会积累一些东西。比如随着年龄增长，人的精力、体力都会衰弱，但也会累积年轻时所无法拥有的知识和经验。只要能活用这些知识和经验，那么无论何时都可以重新开始。

但是如果到了五六十岁还是既没有知识和经验，与年轻人相比也没有任何优势的话，那想要重新开始就比较困难了。只有通过输入（学习）与输出来慢慢提升自己，才能拥有重新开始的能力。无论现在多少岁，都要坚持阅读，尝试和人交流，慢慢走出自己的舒适圈，通过体验和挑战新事物来提升自己的经验值，这些都是非常重要的事情。

例如，我在39岁的时候进行了一次重大挑战：2004年到2007年的3年时间，我暂停原本的医务工作去美国留学。在那里，我受到了很大的文化冲击。我发现美国人非常重视自己和家人，他们都在按照自己的想法享受生活并努力工作。我当时觉得这真是一种非常棒的生活方式，并决定自己也要践行这样的生活方式。因为我自己很喜欢书，所以就决定要自己写书。虽然我在那个时候并没有考虑要写几本书这些事，但还是下决心要靠写作和信息输出来生活，因此在41岁的时候彻底辞去了医生的工作。

正因为当下是"百岁人生"的时代，学习这件事就越发受到人们的关注。退休之后重新进入大学或研究生院学习也成了一种流行趋势，今后从65岁开始尝试新事物的人会越来越多。只要养成输入与输出的习惯，人生无论从什么时候开始接受新挑战都可以。所以大家都充满希望地生活吧！

好心情咨询室

变成熟意味着什么呢?

问：变成熟意味着什么呢?

25岁·女性

答：学会体谅别人的感受就是成熟的表现。

08 拥有客观视角的成年人能够考虑他人的感受

我认为孩童和成年人的区别在于是否能够考虑他人的感受。

孩童会叫嚷"听我说""跟我玩",总是从自我的角度出发,强调"我想"或"我要"。而成年人则会从客观的视角出发,考虑别人如何看待自己的言行。我认为如果不具备这样的客观视角,那么也就不能称之为成年人。

在心理学中,当人在做出某种举动的时候,先思考他人会如何看待自己的言行再行动这件事被称为"换位思考"。如果是拥有客观视角的成年人就应该都能做到这一点。当然，成年人之中也有做不到换位思考、过分强调自我的人存在。这样的人大多会被认为太过孩子气，从而不容易获得别人的好感。

除此之外，人在成长的过程中所接触的世界从幼儿园到小学、初中、高中等不断扩大，最终踏入社会，并在其中找到自己的位置。也正因如此，我们才需要把握和别人之间的距离感。也就是说，如果能够通过换位思考去考虑他人的感受，那就足以称得上是心理成熟的成年人了。

然而值得怀疑的是，当下还有多少人能够真正做到换位思考呢？事实上，我们经常能够发现身边有明明已经成年但仍孩子气十足的人。正因如此，当我们要采取某种行动时，先考虑对方的立场、心情，之后再行动的重要性就更加不言而喻了。

不被过往的心理阴影所束缚的方法。

第 4 章　治愈你的不安、疲倦和无力感

问：忘不掉过去的失败而感到很痛苦，我该怎么办？

32岁·女性

答：过去的失败只对别人讲述一次就把它彻底忘掉吧。

09 讨厌的事情只说一次或尝试用文字来记录

我想谁都难免会有遭遇重大失败或失去重要亲友此类的经历。所谓的心理阴影就是总会不由自主地想起那些不愿想起的往事，越是想要忘记就越发清晰，人也因此变得很痛苦。

比如说某位失恋女性先是和 A 说了自己和男友分手的事情，第二天又跟 B 说了这件事，第三天又向 C 说了同一件事，几乎每天都这样向别人诉说自己的痛苦经历。

这样一来，和男友分手的痛苦经历就会作为一段记忆被保留下来。一般来说，两周之内重复同样的事情三次之后就会被牢牢记住，即使想忘记也做不到。对此应该怎么做才好呢？其实只要做到"将这件事向别人完整诉说一次之后就彻底将其忘记"就可以了。

心理医生在提供心理咨询服务时要特别留意的是，如果针对过去发生的某件事反复追问，反而会加深患者的心理阴影，因此需要把握时机在一次询问中就完成相关工作，但凡询问过一次之后就不再当面重复提及这件事。

此外，如果想要忘记过往的痛苦经验，把它写下来也是一种不错的方法。心理学中有一种治疗方法叫作笔记疗法，就是将自己感觉到痛苦的事情全部写下来，以此来抒发内心的压力。这样的方法不需要别人的帮助，自己一个人就能完成。将情绪通过书写的方式表达出来之后，内心的伤痕也会得以痊愈。如果只是用说话的方式表达，不知不觉重复好几遍也很正常。但如果是用文字书写，那么第二天就不会想要再写一遍了。

写作就是帮助我们放下心中负担的最好方式。如果有无论如何都放不下的事情的话，那就尝试把它完完全全地书写一遍，相信你一定会豁然开朗，逐步恢复轻松的心态。

小结

从消极思维转为积极思维。

① 给有严重消极思维的人的建议

- 有 80% 的人都是消极思维者,不需要因此感到自卑或消沉。
- 每天只要能做好一件事,这就是非常棒的人生。

② 给疲惫的人的建议

- 疲惫的时候不要勉强自己,先从恢复精力做起。
- 发呆也是件好事,发呆能帮助大脑变得更加活跃。

③ 给总觉得自己不行的人的建议

- 当说出"做不到"的时候就会真的做不到。
- 不去想能做到还是不能做到，总之先尝试去做。
- 尽量把目标降低，不可能也会变成可能。

④ 给有强烈不安情绪的人的建议

- 不去行动，不安就会加深，而一旦开始行动，不安就会消失。
- 缺乏足够多的信息，不安就会加深；多收集相关信息，不安就会消失。
- 消极的语言会助长不安，积极的语言能打消不安。

⑤ 给对未来感到迷茫的人的建议

- 当下的时代需要能够独立思考并付诸行动的人。
- 人工智能时代重要的是输出信息的能力。

⑥ 给无法从工作中感受到自我价值的人的建议

- 毕生事业存在于"外面的世界"。

- 开始新的挑战，世界也会变得更大。
- 相信你的好奇心。在感到某事物很有趣之后，就能感知其价值的存在。

⑦ 给因为年龄而选择放弃的人的建议

- 年岁增长并不一定是坏事。随着年龄的增长，知识与经验也会增加。
- 坚持学习的人，大脑不会退化。
- 通过输入与输出、尝试新的挑战让大脑动起来。

⑧ 给不够成熟的人的建议

- 总是强调自己"过于以自我为中心"的人是不受欢迎的。
- 在考虑对方的立场和心情之后再行动。

⑨ 给容易被过去束缚的人的建议

- 坦率的人会不断成长。

好心情咨询室

- 越是重复讲述，痛苦的经历就越难以忘怀。
- 只说一次或把它记录下来，尝试练习如何彻底忘记痛苦的事。

那就尝试进行一些小小的挑战吧！

第 5 章

调整心情和行为方式

好心情咨询室

爱自己不是件坏事！

问：表现出自爱是件奇怪的事情吗？

43岁·女性

答：重视自己的人才能重视别人，爱自己才会被人爱。

01 先爱自己才能拥有爱他人的能力

在日本有一种羞于表达爱自己的风潮,而在美国直接表达对自己的喜爱是件理所当然的事情。爱自己是一件再好不过的事。不能自爱的人也无法拥有爱他人的能力。同样地,不能温柔对待自己的人也无法温柔对待他人。

生物都有一种自我保护的意识,所谓的自我保护即重视自己。如果不能在管理好自己健康状况的前提下工作,那么人就容易生病。日本人总是为了公司或家人而牺牲自己,但其实我们更应该对自己好一点,勇敢地承认爱自己。

当然也有人不懂如何爱自己,这样的人往往不曾为人所爱。不被爱就不懂爱他人的方法。在那些不懂如何爱自己的精神科患者中，有不少人都曾有亲子关系方面的问题，或者曾在幼年时期遭受过虐待。这些人不会爱自己，也对自己没有自信，因此不擅长表现自己。他们与异性的交往也大多不顺，即使步入婚姻最终也容易产生严重的家庭矛盾，甚至以离婚收场。

所以人要先学会爱自己。连自己都不爱的人，也很难对一个原本和自己毫无关系的陌生人产生感情。

除此之外，日本人还偏好自我牺牲。如果因为生病而不能工作了，那么也就无法承担起扶养家人的责任。从结果来看，这样的行为反而给周围人增添了极大的麻烦。

真正的自我牺牲是在保重自己的基础上为他人奉献，而让自己痛苦、惩罚自己的行为不过是一种自虐行为。要获得别人的喜爱不是一件容易的事情，但爱自己这件事仅凭自己的意志就能做到。因此先从重视自己、爱惜自己这件事开始吧。

享受人生的人有什么共同点？

问：那些能够享受人生的人有什么共同点吗？

29岁·男性

答：直率、中立地听取别人的意见会带来新的机会。

第 5 章　调整心情和行为方式

02 一旦接收到信息就尝试开始行动

那些能够充分享受人生的人都有一个共同点，那就是直率。直率的人能够不为先入之见或偏见所困，原原本本地接纳事物。这种直率也可以称为"中立"。

直率的人能够不靠预判而是像海绵那样吸收各种信息，而不够直率的人却总是对其缘由寻根究底，以至于不能马上吸收信息。直率既是一种重要的学习能力，也是实现自我成长的基础。

绝大部分人都惯于依靠过去的经验，即先入之见来判断事物。这也导致他们不自觉地就屏蔽了来自他人的建议或意见。无论是多么珍贵的意见，一旦不能被接受，那么就会导致人们错过很多好的机会。

能够直率、中立地接收各种信息的人，一旦接收到好的信息，就会马上产生想要试着去行动的想法。

拥有勇于尝试的机动性是直率之人的必备条件。这件事是否有意思、是否能在商业场合适用，只要尝试一下就能够判断。他们可以直率地接受他人的意见，稍作尝试就能抓住重点，因此在商业场合也有可能获得新的机会。

在学习书籍、视频或讲座的知识时，大部分人都会因受限于先入之见或已有的价值观而屏蔽新的价值体系，因此也丧失了很多新机遇。试着更灵活地思考，采纳各种各样的人的建议或意见并及时地付诸行动吧。符合你价值判断的事就继续做下去，不符合的话就停止。像这样灵活、直率的做事方式能为你打开充满可能性的新世界。

好心情咨询室

重视心灵的时代下的生存方式。

问：在重视心灵的时代，我要珍惜什么才好呢？

27岁·男性

答：由催产素带来的幸福（良好的人际关系）和血清素带来的快乐（健康）都很重要！

03 在重视羁绊的时代学会主动和他人建立关系

直到泡沫经济破灭之前,日本始终处于一个金钱至上、充斥着大量电子产品和汽车的物质时代,也可以称为一种享受多巴胺式快乐的时代。多巴胺是一种人体在获得金钱或成就感时分泌的快乐物质。而在东日本大地震[①]之后,人们比起物质更注重人和人之间的羁绊,开始转向重视心灵的时代。

---

① 指发生在 2011 年 3 月 11 日的强烈地震,主要发生在日本东北部太平洋海域,矩震级达到 9.0 级,为历史第五大地震。此次地震引发的巨大海啸对日本东北部的岩手县、宫城县、福岛县等地造成了毁灭性破坏,并引发了福岛第一核电站核泄漏。——编者注

近来,"可持续性"一词越发受到关注。在过去,人们更在意发展、成长所带来的价值。然而,由于过度发展导致环境被破坏,现在不仅无法继续发展,而且人们想要维持现状也变得很困难。因此,人们开始重视可持续的生活方式、工作方式以及资源利用方式。同时人们也意识到物质的发展是有限的,进而转向追求心灵的充实。

从脑科学的角度来看,金钱欲、物欲是一种多巴胺式的欲望,而对人际关系的追求则是一种催产素式的欲望。在今后的时代中,更重要的是血清素式的幸福(健康)和催产素式的幸福(良好的人际关系),因此我们要更重视健康和人际关系。伴随着少子高龄化社会所带来的独居者群体数量的不断扩大,孤独成了社会性的问题。如果有挚友在侧的话,即使身边没有亲人也不会失去与他人的联系。然而在当今时代,兄弟姐妹逐渐减少,邻里之间的联系也越发稀薄,在这样的情况下如果仍不主动和他人建立联系,那么就会变成一个孤立的人。

此外,今后将会是人工智能的时代。人类所能处理的信息量远远不及人工智能，但人的优势在于拥有心智。比如在护理工作中，帮助护理对象移动身体或泡澡这样的工作完全可以由机器人来完成，但机器人却不能体贴护理对象的心情。在更加重视人际交往和心灵交流这一点上，将当下的时代称为心灵的时代也是可以理解的。

　　如上所述，今后人与人之间的羁绊会越发受到重视，当我们认识到"我一个人也行"这种观点的不足之时，对于人际关系的想法也会产生变化。

好心情咨询室

陷入病态精神状况时的应对方法。

问：因为近乎病态般的情绪低落、想哭而感到十分痛苦，我该怎么办？

29岁·女性

答：每天早上在阳光下散步一刻钟，这有助于调整精神状态，也会使心情变得明亮起来。

04 释放压力、睡眠、运动和晨间散步有助于调整精神状态

应对情绪低落、想哭的方法有两种：一种是向人倾诉；另一种是晨间散步。

对于已经陷入病态精神状况的人而言，即使建议他去向别人倾诉烦恼，他也会以"没有人可以倾诉""没心情去找人倾诉""和谁都不想碰面"这样的理由来否定这个建议。事实上在这种时候，他已经十分痛苦了。

但如果放任这样的情绪像气球那样继续膨胀下去，那总有一天这样的负面情绪会濒临爆发。这时人的精神状况已经接近于病态了，因此首先需要做的就是释放、

发泄压力。

如果在这种时候，谁也不想见，也什么都不想说的话，那就先从调整身体状况开始着手吧。可以通过睡眠、运动和晨间散步来尝试改善。

人之所以会变得情绪不稳定，主要在于大脑始终处于疲劳状态。如果能让大脑好好休息，那过往累积的不安、悲伤、痛苦都会在很大程度上得以减少。

由于大脑过于疲惫而陷入病态情绪之中的人，大都没有保证足够的睡眠。有数据表明，7小时以上的高质量睡眠有助于消除大脑的疲惫。

待在家里不出门、缺乏运动、鲜少与他人交流等都会对健康产生负面影响。因此我们先从调整身体状况开始，身体状况好起来，慢慢也会带动心情变得明亮，痛苦也能得以缓解，由此就会自然而然地产生和人交流的想法。

我非常推荐大家起床后去散步。早晨起床后一小时内出门，一边沐浴阳光，一边进行一刻钟左右的散步活动。当人看到蓝天时，体内会自动分泌血清素，心情也会变得清爽。想要调整精神状态并不容易，但如果调整好身体状态，那么精神状态也自然会随之好转。保证睡眠、运动并坚持晨间散步，这是调整精神状态的捷径。

好心情咨询室

如何克服"我不喜欢出门"。

问：患有焦虑症、抑郁和恐慌症，对外出感到不安、害怕，我该怎么办？

答：最好的改善方法是晨间散步。如果感到困难，那就从每天享受五分钟的日光浴开始。

05 不用强迫自己立刻恢复外出，可以先从早上的日光浴开始

虽然我经常建议大家可以进行晨间散步的活动，但大多数人都会拒绝我的建议。晨间散步的重点在于起床后1小时之内进行15分钟左右的散步活动，并不需要勉强自己早起。如果正处于精神类疾病的治疗过程中，那就上午10点起床，11点之前完成这项活动。如果觉得15分钟的散步也太长了，那10分钟或者5分钟也行。要是天晴的时候，能在外面待上5分钟，那么我们的体内就会分泌血清素。如果5分钟也不行，那就只在外面待1分钟就回家也可以。通过这样的方式能有效地降低心理难度。

如果是连去便利店购物都感到困难的患者，那么不要

着急一下子就出远门，先尝试走到家门口的电线杆就回家也可以。晨间散步对于治疗抑郁、焦虑症、惊恐症都非常有益，因为只要能分泌足够的血清素就可以改善这些症状。

事实上，通过几个月的晨间散步改善这些症状的例子也有不少。不敢外出或是没有体力外出的话，哪怕晒晒太阳也会好很多，在阳台、院子里或者其他能晒到太阳的地方坐上5分钟也可以，然后慢慢地把时间延长到10分钟、15分钟或更长。

或许也有因为"不想遇到其他人"而不愿外出的情况，对此可以先尝试去一些人少的公园或者是在河边走走。总之先从5分钟的散步开始做起，然后再一分钟一分钟地增加在外面待的时间，最终就可以做到坚持散步20分钟左右。持续这样的散步活动几个月之后，情况一定会有让人震惊的好转。

轻易就能治好的精神类疾病是不存在的。虽然很辛苦，但如果不尝试去克服它就没有办法得到真正的好转。与其一开始就设定很高的目标，不如把目标降低，一点点增加自信。改善生活习惯这件事只能靠自己的努力。

好心情咨询室

如何纠正"过分努力"。

问：即使是明天完成也可以，但今天不做完就会感到焦虑。请问怎样才能学会偷懒？

44岁·男性

答：100分的实力只需要发挥90分就足够了，不要过分努力，保持自己的节奏就好。

06 差不多就行、一点点来、不过分努力，保持自己的节奏

很多人特别喜欢"努力"这个词，但我却是格外讨厌，反而欣赏适时"偷懒"的那种人。或许有人会说，你又是出书又是尝试很多其他的事情，怎么能说自己喜欢爱"偷懒"的人呢？事实上，大多数时候我都是以一种玩乐的心态在享受做这些事情的过程，不过或许正因如此，反而能把事情完成得不错。所以不要逼自己必须在"努力"和"放弃"两者中进行单项选择，适时找到中间选项会更好。

其实这两者之间的折中点就是保持自己的节奏。很多人总是做什么都拼尽全力，喜欢靠意志去突破，日常交流

中也喜欢说"加油吧""我会加油的"这类话。但事实上我们每个人的能力都是有限的，如果一直勉强自己做一些超出能力范围之外的事，久而久之就会因为感到疲惫而无法持续下去。我们在看马拉松比赛的时候会发现，那些一开始就高速奔跑或者中途猛然加速的选手大多到最后阶段就会筋疲力尽，而始终保持自己节奏的选手反而会获得最终胜利。

其实人生也是如此，精神类疾病患者大多都是非常努力的人，对待工作认真勤恳，打心底不愿意给别人添麻烦。但这样的人大多到后期会因为太过努力而耗尽自己，因此太过认真、努力也不一定是好事。人生之路漫长，请记住：差不多就行、一点点来、不过分努力，适当地保持自己的节奏。

有时候所做的事情超出了自己的能力范围，那必然会导致自信心受挫。如果有 100 分的实力，明明做 90 分的事情就能完成得很好，却总是尝试 110 分、120 分的事情，这其实是一种病态的心理。

太过努力会让精神超负荷运转，因此请学会保持自己的节奏吧。如果你容易超负荷工作，那就尝试把眼光放得更长远一些，而不是只盯着眼下的事情。抱着"今天已经很努力了，做到这个程度就差不多了"的想法，适当地对自己妥协也不错。即使是今天对自己妥协了，也不意味着明天的状态就会下降。

人不需要太过努力，在能力允许的范围内，先集中精力做完一件事再处理下一件事。保持自己的节奏才是长期维持好状态的秘诀。

更"懒散"地生活。

问:因为过分认真的性格而感到很疲惫,我想要改变这样的性格,有什么好方法吗?

30岁·男性

答:很多时候不一定要那么认真,按照自己的方式享受生活就好。

07 不要去想自己是否太过认真，去寻找活出自我的方法即可

那些在意他人脸色、议论、评价的人，会希望别人眼中的自己是一个认真的人，我非常理解这种心情。这样的人会担心如果自己变得不认真又会被怎样评价，从而始终活在别人的眼光里，并因此感到困扰。但其实过分在意他人眼光的话，人生会变得十分无趣。心理学家阿尔弗雷德·阿德勒曾说过，如果总是察言观色、取悦他人，那就等于活在别人的人生里。对此，我十分赞同。

比起在意自己是否足够认真，倒不如活出自我。有人会说"因为过于认真的性格而感到很疲惫"，但如果你本身真的是比较认真的性格，那你一定不会因此而感到疲

惫，让你疲惫的其实是勉强自己假装认真这件事。想要活出自我，那就需要观察自己如何才能活得更轻松。

你可以通过在睡前记录让自己开心的事，也就是前文曾提到过的记录积极心态的三行日记。坚持记录可以帮助你发现令自己开心的事情，明白自己想要朝着什么方向努力，也可以帮助你找到真正的自我。

我是一个非常不认真的人，睡到想起的时候才起，想吃什么就吃什么，想运动的时候才去健身房。累了的时候可以睡到中午才起，打不起干劲儿就不工作。但如果是状态好的日子，我可以一直写作 12 个小时以上，平均下来就是其他人 3 天的工作量。因为这是我自己的工作节奏，所以做起来很轻松愉快。由此可见，知道自己做什么事情会开心非常重要。

像这样在世人看来很不正经的生活方式，其实是非常好的生活方式。然而总会有一些人会因为羡慕或嫉妒对此进行指责、批判，但是如果自己过得开心，那么无论别人说什么，只当作他人的胡言乱语，一笑而过即可。能坚持活出自我，找到适合自己的最好的生活方式，那么别人说什么你都不会在意的。

好心情咨询室

如何不去想"讨厌的事情"。

问：正处于心理疾病的治疗过程中，一想到过去那些讨厌的事就很痛苦，我该怎么办？

答：有意识地增加让自己感到快乐的时间，多去那些让你感到愉快的地方。

08 增加快乐时光，减少负面思考

有时候，越是让自己不要去想那些讨厌的事情，就越会想起来。越不让做就越要做，这是人的正常心理。因此与其试图不去想讨厌的事，倒不如去想那些让你感到快乐的事。

但是对于正处在疗养期的人而言，即使告诉他多想想快乐的事，他们也会说"没有什么能让自己感到愉快"或者"想不起来有什么快乐的事"。像这种情况，第一要务就是在可能的范围内找到能让自己感到快乐的事。

比如我喜欢看电影，在电影院的时候我能够做到不去想其他的事情，只是单纯地享受这段时光。这种专注让我感到非常放松和愉快，仿佛整个世界都静止了，只有我和电影中的故事。通过这种方式，我不仅能够更好地欣赏影片，还能在忙碌的生活中找到一段纯粹的休闲时光，让自己彻底放松下来。

对于那些喜欢电影的人而言，怎样才能称得上身心健康呢？原本每个月可以看3部电影的人，突然变得每个月只能看完1部电影。对他而言，如果能重新回到每个月看3部电影的状态，那就可以称作身心健康了吧！如果总是想要状态好转之后再去看电影，那么情况或许永远都不会有所好转。因此，即使没有恢复到最好的状态，也可以有意识地增加一些能让自己感到愉悦的时间，或是多去一些能让自己开心的地方。

如果一个人待在家里就忍不住想起不好的事情，那么就多尝试和他人待在一起。和他人在一起的时候，人的注意力会转向面前的对象，也就不会想起那些不开心的事情。如果每天都能多增加一些愉快的时光，即使仅仅只有

5分钟，那也可以称得上是在逐渐好转。

觉得自己没有恢复状态，就无法变得开心，那情况就永远不可能好转。增加人生中的快乐时光，减少负面思考是迈向身心健康的第一步。

好心情咨询室

改变消极思维的方法。

问：虽然也在坚持晨间散步、运动，但还是容易陷入消极思维无法自拔，我该怎么办？

50岁·女性

答：消极思维是人的本能，完全不用因此责备自己。

09 学会使用魔法的咒语肯定消极的自己："现在的我就很棒！"

据我的个人调查，超过八成以上的人都会有消极思维。这是因为人类为了能够生存下去，需要提前察觉对自己有害或威胁生命的危险情况。可以说，对负面信息的强烈反应其实是人的一种本能。

通常在这种情况下，大脑的杏仁核部分会变得格外活跃。杏仁核过度活跃时人就会产生不安情绪，并在瞬间做出判断和采取行动。如果人类对于负面信息不敏感的话，那就无法活下来，换言之，消极思维正是人类的特点。

虽说如此，但积极、愉快的生活态度会让人活得更轻松。那到底要怎样做才好呢？其实认可消极的自己、当下的自己就可以了。越是否定消极的自己，就越是会觉得自己不够好，也就越缺乏自我肯定感。而如果能够肯定不够好的自己，那就会增强自我肯定感。

越是在意不足之处或否定自己，就会越来越消沉。相反，如果我们能够学会接纳自己的不完美，看到自己的优点和成就，就会逐渐建立起自信和积极的心态。"现在的我就很棒！"这句话代表了对自己的容忍、认可、接受和肯定。

不擅长和他人交流，在他人面前发言会紧张，对这样的自己感到很烦恼的人不在少数。根据我在社交媒体上发布的调查问卷来看，觉得自己不擅长在人前发言的人高达90.6%。有可能是消极思维让这90.6%的人觉得自己不善言辞。其实不擅长和人交流的你才是多数，没必要因此感到自卑。

当自己消极的那一面出现时，只要把"这样消极的我也是我,现在的我就很棒"这句话当作口头禅就行了。尝试者先从言语上做出改变,不要总是把"反正我不行"挂在嘴边。

好心情咨询室

能够享受每一天的人的思维方式。

问：每天都过得不开心、不快乐，要怎样才能每天都愉快度过呢？

35岁·女性

答：自发地行动。探出触角去寻找令自己愉快的事。

10 让人愉快的事都在未知的地方，鼓起勇气迈出第一步吧

让我们试着举出三种那些每天都能过得很愉快的人的思维方式。

首先，最重要的就是主动去寻找让自己愉悦的事情。愉快的事一般不会自己到来。即使偶尔有一些有趣的事发生或有趣的人降临，这样的事也不会频繁出现。因此我们应该伸开触角，主动去寻找并积极行动，这才是非常重要的事情。

在《灰姑娘》这个童话的结尾，王子来迎接灰姑娘。这看上去好像是幸运主动降临到灰姑娘身上一样，但实际

上，决定去参加舞会的是灰姑娘自己。如果不去参加舞会，那她也无法与王子相遇。

其次，不要畏惧挑战，要走出舒适圈。如果日常的生活空间里没有让你感到愉快的事情，那么或许外面的世界会有。在未知的世界中，会有你没见过的人、没去过的地方、没吃过的美食等让你兴奋愉快的事物。或许也有人会因为担心失败而不安，但挑战这件事本身就让人愉快。如果没有走出舒适圈的勇气，那也就无法获得这份快乐。

最后，要有较强的机动性。例如收到朋友邀请去看演唱会，不要因为是不熟悉的音乐家就选择不去，而应该以一种"因为没听过，所以想尝试一下"的心态积极行动。害怕挑战或者不擅长自己寻找有趣事物的人，即使收到朋友的邀请，也大多会选择拒绝或无视。"一旦被邀请就积极尝试"的心态，正是那些每天都能过得很快乐的人所具有的思考方式。

我们只要稍微转换一下想法，就会发现自己身边其实存在许多有趣的事物。这些事物不在自己已经习惯的舒适圈里，而存在于未知的世界当中。因此请鼓起勇气踏出第一步，努力尝试去探索寻找吧！

小 结

如果你更爱自己、更坦诚，你就会拥有更多的可能性。

① 给那些因为爱自己而感到烦恼的人的建议
- 爱自己没什么不对，要更加重视自己才对。
- 不会爱自己也就不会爱别人。

② 给那些希望能够享受人生的人的建议
- 直率的人才能够不断成长。
- 抛弃先入之见，用更加中立的态度去观察事物。
- 先尝试去做，更加机敏地行动。

③ 给那些对将来的生活方式感到不安的人的建议

- 现在已经从重视物质的时代变成了重视心灵的时代。
- 重要的事情首先是健康，其次是良好的人际关系。

④ 给那些精神快要陷入病态的人的建议

- 释放压力、向他人倾诉能让心情变好。
- 睡眠、运动和晨间散步是调整精神状态的最好方法。
- 调整了身体状态，精神状态也会随之好转。

⑤ 给那些不擅长外出的人的建议

- 只要五分钟的晨间散步就能让心情变得清爽。
- 如果做不到坚持晨间散步，那让自己晒晒太阳也可以。

⑥ 给那些过于努力的人的建议

- 差不多就行、一点点来、保持自己的节奏。
- 不用那么努力也可以，在能力允许的范围内一件一件完成能做的事。

⑦ 给那些过于认真的人的建议

- 生活不要过于认真，活出自我即可！
- 愉快的背后其实是活出自我。

⑧ 给那些容易产生讨厌想法的人的建议

- 讨厌的想法可以通过增加愉快的时间来中和。
- 越是增加愉快的时间就越容易身心健康。

⑨ 给那消极思维严重的人的建议

- 现在的我就很棒！
- 认可消极的自己会变得更轻松。

⑩ 给那些无法享受每一天的人的建议

- 探出寻找快乐的触角。
- 机动性越强，就会过得越愉快。

结 语

"只要一打开书阅读，心里就会感到轻松治愈。"想必读完本书之后的你一定会有这样的感触吧。

读书能让人感觉到清爽、愉快、治愈。科学研究表明，人在读书的时候心率会下降，副交感神经则会变得活跃，因此会感到放松，睡眠质量也会更好。

所以请养成每天阅读 5~10 分钟来治愈心灵疲惫的习惯吧。通过这样的方法，能够减少心理压力的堆积，从而健康而充满活力地处理工作。

本书一共列举了 41 个问题和烦恼，并针对这些问题提供了相应的解决方案。如果还有读者觉得书中没能提到自己关心的问题或现在抱有的烦恼，可以尝试在油管网（YouTube）上的"精神科医师桦泽紫苑的频道"主页上检索往期视频。这一频道中已经上传展示了5000多条视频，回答了大家在意或烦恼的5000多个问题，相信里面一定能找到你想要了解的问题和答案。

语言有着能够治愈人心的力量。通过书籍或者视频这样的载体去接触有着治愈之力的语言，可以抚慰我们每日的疲惫，纾解心灵的压力。如果读者能通过阅读本书，借助文字的力量养成一种放松自我的习惯，这对于一名精神科医师来说就是再幸福不过的一件事了。

精神科医师

桦泽紫苑

如果想要了解更多内容：

★★★ 敏感系列 ★★★

如果想要了解更多内容：

★★★ 女性成长系列 ★★★

- 她定位
- 她世界
- 跃上高阶职场
- 蜕变
- 30岁开始努力刚刚好
- 安全感是内心长出的盔甲

如果想要了解更多内容：

★★★ 自我疗愈系列 ★★★

- 情绪说明书
- 可是我还是会在意
- 别太着急啦
- 接纳真实的自我
- 拥抱躁郁
- 做自己的靠山

如果想要了解更多内容：

★★★ 应对＋再见系列 ★★★

应对焦虑
摆脱焦虑的十种即时策略

应对情绪失控
恢复身心的十二种即时策略

应对压力
缓解压力的十种即时策略

再见，自卑
先建自信的十个即时策略

再见，社交焦虑
克服社交焦虑的十个即时策略